AF267826

LES

CHIENS COURANTS

FRANÇAIS

POUR

LA CHASSE DU LIÈVRE

DANS LE MIDI DE LA FRANCE.

MONTAUBAN,

IMPRIMERIE ET LITHOGRAPHIE FORESTIÉ.

—

1882.

LES CHIENS COURANTS FRANÇAIS

POUR

LA CHASSE DU LIÈVRE.

LES

CHIENS COURANTS

FRANÇAIS

POUR

LA CHASSE DU LIÈVRE

DANS LE MIDI DE LA FRANCE.

MONTAUBAN,

IMPRIMERIE ET LITHOGRAPHIE FORESTIÉ.

—

1882.

PRÉFACE.

La chasse à courre, dans le midi de la
France, n'existe plus qu'à l'état d'exception.
Elle se réduit généralement à celle du lièvre,
qui, par ses ruses multipliées, le peu d'émanation qu'il laisse sur son passage, rend sa
poursuite fort difficile, et sa prise infiniment
problématique.

Si cette chasse ne présente pas la brillante
mise en scène, l'émouvant spectacle du laisser-
courre sur les grands animaux, elle passionne
cependant les vrais veneurs, car elle est une
des plus savantes, et, malgré son rôle modeste,

considérée comme l'école et la clef de l'art de la vénerie.

Pour forcer le lièvre, c'est-à-dire prendre à courre l'animal le plus rusé, dont les voies sont si légères qu'elles laissent à peine de sentiment, il faut posséder une excellente meute, et, pour créer cette meute, connaître à fond les qualités et les défauts du chien courant : telle est l'étude que nous voulons approfondir avec soin, car elle nous paraît renfermer les notions premières et indispensables pour tout disciple de saint Hubert. — Nous maintiendrons ce sujet dans un cadre très restreint, uniquement appliqué aux chiens français, élevés dans le midi de la France, et destinés au genre de chasse qui y est pratiqué ; si nous dépassions ces limites, nos réflexions seraient peu comprises, et n'auraient plus leur réelle application.

La fureur *de prendre vite* a modifié souvent, non-seulement l'espèce et la qualité du chien, mais aussi la manière de courre le lièvre : marcher grand train est le but ambitionné par un bon nombre de veneurs ; essouffler l'animal par tous les moyens, et le prendre dans 40 ou 45 minutes, les jours de bon vent et de bonne terre, est un succès fort recherché par quelques-uns, mais que nous n'avons jamais su bien apprécier. A nos yeux, tout le mérite, tout l'intérêt de la chasse du lièvre consistent dans cette lutte qui s'établit entre la finesse, la ruse de l'animal et le travail intelligent d'une bonne meute.

Nous n'avons jamais admis qu'on sacrifiât la gorge, la science de l'équipage, à la rapidité de la chasse, et que le désir de prendre en peu de temps, fît substituer au travail si passionnant d'une meute savante, une course furibonde, constamment secondée par l'action immédiate du piqueur.

La majeure partie des chasseurs du Midi a partagé cette appréciation, et, tout en cherchant à marcher bon train, a conservé à la chasse du lièvre son caractère spécial; nos veneurs ont compris que, pour forcer un animal qui tient à peine deux heures devant un train soutenu et régulier, une vitesse excessive n'était pas nécessaire; que, dans nos pays très

cultivés, le chien devait être savant par lui-
même, se servir seul dans les défauts, et
qu'il fallait surtout rechercher le mérite de
l'équipage, avant d'y adjoindre le mérite du
piqueur.

PREMIÈRE PARTIE

L'A B C DU MÉTIER.

L'Espèce.

Plusieurs variétés de chiens courants sont employées pour la chasse du lièvre dans le midi de la France; elles présentent des nuances diverses, suivant le croisement qui a présidé à leur origine, mais peuvent se résumer dans les trois catégories suivantes :

1° Le grand chien pur sang ou chien d'ordre, soit de Gascogne, de Saintonge ou de Bordeaux ;

2° Le briquet;

3° Le chien demi-sang ou le briquet amélioré et perfectionné.

Le chien *d'ordre ou pur sang,* que quelques rares amateurs ont pu conserver à grand'peine dans toute la pureté de son origine, a de belles qualités, une grande finesse de nez, une menée droite, brillante et allante; une belle gorge; il est sage, ajusté, facile à conduire, et a beaucoup de fond; mais pour la chasse du lièvre il est mou, lent dans son travail, peu persistant dans les défauts. Il *se requette* sans entrain, sans intelligence, ne devient rusé qu'à la fin de sa carrière, et a toujours besoin du secours du piqueur; sa grande taille ne convient qu'aux pays plats; il s'essouffle dans les montagnes, court mal sur les terrains pierreux, où sa patte se meurtrit et s'échauffe, et il exige, au chenil, des soins multipliés, car sa santé est généralement délicate.

Nous préférons donc, pour la chasse *si fine* du lièvre, un type plus travailleur, plus intelligent, laissant le chien pur sang à la chasse des grands animaux, où il a sa réelle application.

Le *briquet* est un chien très actif, très intelligent, et fournit souvent des sujets abso-lument remarquables.

Il est bien à sa place dans les chasses à tir, en petite compagnie, où il supplée au nombre par l'activité et l'adresse de son travail, mais il ne peut composer dans son ensemble une meute sérieusement organisée pour les chasses à courre : il est, en général, violent et emporté, ou trop collé et nazillard ; il est peu régulier, peu droit dans sa menée, a mauvaise gorge, rapproche mal, n'aime pas les voies froides, et est fort indiscipliné.

Le chien *pur sang* et le *briquet* étant écar-tés, nous sommes ramenés au chien *demi-sang*, qui a toutes nos préférences, et qui nous paraît le plus approprié, dans nos pays, à la chasse du lièvre.

Nous blesserons bien des sympathies en précisant ainsi notre choix ; mais comme notre opinion est toute personnelle, et que nous ne cherchons pas à l'imposer, nous l'exprimons sans hésiter.

Le chien demi-sang, issu du croisement du chien d'espèce et du briquet, réunit les qualités de ces deux types, et atténue souvent leurs défauts; il tient, du chien de race pure, plus de finesse de nez et de fond que le briquet, plus de rectitude, de sagesse dans la menée, plus de gorge, de docilité et de beauté dans les formes; il tient, du briquet, plus d'intelligence, d'adresse et de santé que le chien d'ordre, plus d'activité dans le travail et de persistance dans le requêt.

Notre chien de lièvre à nous est donc le chien demi-sang, ou le briquet perfectionné, grand de 19 à 20 pouces, bien gorgé, léger dans son ensemble, franc dans ses couleurs, pouvant chasser aussi bien dans la montagne que dans la plaine.

La Meute.

La création d'une meute pour lièvre exige une combinaison savante et un choix judicieux dans les sujets qui sont appelés à la composer. Un bon équipage doit réunir divers genres de qualités, qui intelligemment groupés, se combinant entre eux, viennent concourir au succès final, à la prise du lièvre.

Les chiens, par des secours mutuels et différents, doivent s'aider les uns les autres, s'attachant à ne pas perdre la trace, tout en la suivant le plus vivement possible : ils ne doivent donc pas avoir le même genre, car ils feraient le même travail, et, dans ce cas, trois ou quatre bons chiens conduiraient aussi bien la chasse à eux seuls; l'avantage de la meute est de pouvoir réunir diverses spécialités, qui ont chacune leur incontestable utilité.

Si on ne chasse qu'à tir, quelques chiens ajustés suffisent pour conduire tôt ou tard au poste le malheureux lièvre; mais si on entre dans le développement et les frais d'un véritable équipage, si on veut se donner cette

jouissance si attrayante de la chasse à courre,
on doit partir de ce principe, que pour forcer des lièvres il faut marcher sûrement et
vite, et qu'on ne parviendra à ce résultat
qu'avec des chiens de qualités différentes.
Grouper au centre un noyau solide, qui
maintienne sûrement la voie, l'activer par des
sujets entreprenants; en un mot, combiner la
sagesse et la régularité avec l'entrain et la
décision, tel est le but qu'il faut atteindre. Les
genres divers n'empêchent nullement l'ensemble
d'action; des chiens de genre différent, ayant
même pied, et une connaissance entre eux
complète, chasseront toujours avec ensemble.

Un équipage considérable n'est pas nécessaire pour forcer le lièvre : la tâche de bien
organiser une meute est assez ardue pour ne
pas en augmenter les difficultés par un développement inutile et souvent dangereux. Un
grand nombre de chiens effraie, en outre,
les petits propriétaires du Midi, qui laissent,
avec peine, chasser sur leurs terres morcelées,
et qui sont prêts, au moindre prétexte, à ne
pas être indulgents; une douzaine de chiens

militants, bien choisis suffisent pour débrouiller toutes les ruses, vaincre toutes les difficultés ; ils suffisent encore pour la musique, pour cet orchestre si agréable à l'oreille du chasseur, et pour mettre à couvert, dans le midi de la France, tout amour-propre de propriétaire : mais il faut être sans pitié pour tout ce qui n'a pas d'application sérieuse, c'est-à-dire vendre, donner ou noyer tout sujet qui n'aide pas ; mieux vaut n'avoir que quelques bons chiens, qu'un plus grand nombre, dont une partie gêne le travail des autres : nous ne parlons pas ici des élèves, dure nécessité qu'il faut absolument supporter, sous peine de ne pouvoir plus tard remonter son équipage.

La meute, avant tout, doit être du même pied, c'est-à-dire que les chiens qui la composent doivent avoir le même train dans leur chasse : pas d'éclaireurs avancés, pas de traînards ; une masse réunie et compacte, agissant avec ensemble. Le chien qui met toutes ses forces à suivre ses compagnons s'essouffle, et n'est plus en état de faire un travail utile et de rendre des services ; les chiens de la meute doivent donc se suivre sans efforts, sans gêne et sans fatigue.

Le train, suivant nos idées, ne doit être ni lent, ni excessif : trop lent, il augmente toutes les difficultés, permet au lièvre de prendre une grande avance, de compliquer ses ruses, et de doubler toutes ses chances de se sauver; trop rapide, il est sujet à une foule d'inconvénients, que nous signalerons et développerons dans un chapitre spécial.

Un train vigoureux, soutenu, permettant de forcer, en deux heures, un gros lièvre, est assurément celui qu'on doit préférer.

L'espèce, le nombre, le pied, une fois résolus, nous composerons la meute de la manière suivante, nous réservant d'étendre nos réflexions sur chacun des divers types que nous ne faisons que nommer :

Chien de tête;

Chiens de centre, qui se subdivisent en :

Chiens de centre pur;

Chiens de centre avancé;

Chiens seconds;

Chiens de chemin.

Chien de Tête.

On désigne quelque fois par *chien de tête,* tout sujet de haut mérite, qui, par son expérience et ses qualités, se distingue dans l'équipage par une véritable supériorité. Dans notre région du Midi, cette appellation a une tout autre signification : elle ne s'applique pas au mérite général du sujet, mais simplement à *son genre de chasse.*

Nous appelons *chien de tête* le chien qui, doué d'une grande décision et d'une grande hardiesse dans son travail, a la faculté de suivre aisément et vivement la voie, et qui, secondé en outre par un train légèrement supérieur, se place en tête de la meute pour la conduire rapidement sur la trace de la bête chassée.

Les aptitudes du chien de tête sont absolument spéciales ; elles lui permettent de porter sans indécision la chasse en avant, de donner une vive impulsion et d'activer le train.

Le chien de tête est donc ainsi nommé, non pas uniquement parce qu'il est le plus rapide,

mais aussi parce que son genre se distingue
des autres genres, en ce qu'il cherche toujours
à percer, et qu'il a l'instinct d'exécuter un travail large et avancé à la tête de la colonne.

Ce rôle de meneur n'est pas accepté par
tous les maîtres d'équipage, et les opinions à
ce sujet sont souvent contradictoires. Les uns
prétendent que les chiens doivent prendre indistinctement la tête, ne pas la conserver d'une
manière absolue, et se remplacer suivant les
diverses phases de la chasse; les autres affir-
ment, au contraire, l'utilité d'un chien conservant généralement le premier rang, et menant
habituellement la meute.

Nous partageons cette dernière opinion, nous
appuyant sur les réflexions suivantes, que nous
soumettons à l'observation et à l'expérience de
ceux qui chassent uniquement le lièvre :

Les meutes qui approchent le plus de la
perfection, avons-nous dit, sont celles qui
sont sages, ajustées, et en même temps bien
allantes : or, nous affirmons que le chien de
tête contribue à la réunion de ces qualités.

Le chien de tête, dominant aisément ses camarades, non-seulement par la supériorité du train, mais par ses aptitudes particulières à filer hardiment la voie, arrête toute lutte fatale à l'ajustage; il impose la sagesse aux ambitieux qui, obligés de se soumettre à sa direction, perdent toute tendance de violence et de précipitation; il contraint chacun à rester à sa place, à se grouper, à s'ajuster; les chiens, ainsi entraînés et tenus à la voie, n'osent ni s'en écarter, ni se retarder, et, semblables à ces oiseaux voyageurs émigrant en troupe, laissent le plus entreprenant se mettre à leur tête, et le suivent avec confiance, tout en s'assurant qu'ils ne sont pas trompés dans leur direction.

Le chien de tête rend, en outre, la meute bien allante, et communique à tous, par son genre perçant et sa décision, une impulsion en avant, qui, s'étendant de proche en proche, ne permet plus ni tâtonnements ni indécisions.

Le chien qui mène habituellement acquiert d'ailleurs, par cette expérience, une entière perfection dans son rôle; il accomplit sa tâche avec sagesse, parce qu'il ne redoute pas des rivaux ; il se coud bien à la voie, et tient la tête avec cette sûreté de direction qui est souvent la cause de bien des succès obtenus ; toute meute privée de ce chef peut se bien conduire, mais jamais elle n'aura cette initiative, cette promptitude d'action, cette vigueur soutenue, que lui communique le chien de tête.

Nous poserons ce dilemme à ses détracteurs :

Pour que les chiens puissent mener indistinctement, il faut qu'un équipage soit composé de chiens de centre, ou de sujets ayant le genre des chiens de tête : dans le premier cas, la meute chassera régulièrement, mais lentement, sans entrain, sans décision ; elle tombera souvent en défaut, non par une faute, mais parce que l'animal chassé aura le temps de prendre de l'avance, de multiplier ses ruses, et de laisser, sur son lointain passage, une émanation qui, se refroidissant de plus en plus, finira par s'évaporer tout-à-fait.

Dans le deuxième cas, la meute composée de meneurs, qui auront, à tour de rôle, goûté d'une trace non foulée, et par conséquent très attrayante, sera entraînée par un ensemble de chiens ambitieux qui lutteront pour occuper le premier rang, s'essouffleront entre eux, et empêcheront toute chasse régulière.

Ces réflexions admises, et quels que soient les avis, examinons quels sont les mérites à exiger du chien de tête; sa responsabilité est si sérieuse qu'on ne saurait mettre trop de sévérité à le bien choisir, et à lui demander un ensemble de qualités indispensables à l'importance de son rôle.

Dans le choix d'un bon chien de tête, il faut exiger :

La sagesse, la finesse de nez, la chasse droite, la gorge, le fond et le train, la distinction des formes.

La sagesse. — Le chien de tête doit surtout être sage, c'est-à-dire que son désir de mener ne l'entraîne pas à être devant, *coûte que coûte*. Entreprenant par nature, il est toujours un peu ardent, aussi ne peut-on trouver un meneur entièrement dépourvu d'ambition, mais il faut choisir celui qui en a le moins, qui fait son travail avec le plus de calme, et dont l'action rapide et décidée se produit sans violence, sans précipitation, et jamais au détriment de la voie.

La sagesse du chien. de tête consiste donc à ne pas se laisser emporter par son ardeur naturelle à bien goûter la voie, et, tout en la filant avec décision, à la maintenir avec assez de mesure, pour s'arrêter dès qu'elle lui fait défaut.

La finesse de nez. — La finesse de nez, pour un chien de tête, est d'une importance d'autant plus grande qu'elle est plus nécessaire à ce genre qu'à tout autre ; elle lui permet d'accomplir sûrement son travail, de ne pas tâtonner, de suivre hardiment droit devant lui, et de ne pas entraîner toute la meute dans une faute, en dépassant la voie.

Les chiens qui composent le gros de la meute, s'appuient entre eux, et se maintiennent mutuellement, mais le chien de tête, qui est seul devant, n'est soutenu que par lui-même, ne peut avoir recours à la science de son voisin et ne doit qu'à ses propres moyens

et à sa finesse d'odorat, la sûreté de direction.
Le chien à grand nez est, en outre, brillant
dans son action; il ne nazille pas, ne bri-
colle pas sur la trace, et sait suivre la gueule
haute.

La chasse droite. — La chasse droite dé-
coule de la sagesse unie à la finesse de nez.
— Tout chien sage et de haut nez chasse
droit; s'il hésite, s'il va et revient, c'est qu'il
n'a pas assez de puissance d'odorat, et qu'il
est obligé d'y suppléer par l'activité de son
travail, ou bien qu'il n'a pas assez de patience
et de calme pour se tenir à la voie. Il bat
alors les ailes, danse sur la trace, s'en écarte
et ne chasse plus que par à-coups et sans
régularité; le chien de tête qui, au contraire,
a grand nez et sagesse, suit sans efforts la
ligne tracée par le lièvre, et s'y maintient la
tête haute.

La gorge. — Les mérites de la gorge doivent être absolument recherchés dans le choix
d'un meneur; elle doit être forte et éclatante,
afin qu'elle rappelle promptement, et qu'elle se
fasse bien entendre de tout le corps de meute.

Si le chien de tête crie mal, il ne peut bien rallier lorsqu'il relève un défaut dans son travail avancé, et comme son genre de chasse, secondé par son pied, l'excite à suivre vivement la voie, il est bientôt éloigné des autres chiens, qui, ne l'ayant pas immédiatement entendu, ont souvent de la peine à le rejoindre.

Le fond et le train. — La tâche d'un chien de tête est la plus laborieuse, la plus fatigante, et il doit l'exécuter, tout en conservant le premier rang; le fond et un train légèrement supérieur sont donc d'une nécessité absolue pour assurer son rôle de meneur, sans quoi il ne pourrait soutenir une allure vive et régulière; ne pouvant se placer facilement le premier, il s'épuiserait pour rester devant, finirait par se ralentir et laisserait les autres chiens le dépasser; ses qualités et ses services se trouveraient annihilés au moment où les difficultés devenant plus nombreuses, on a besoin de la science et du secours de tous. Le chien de tête doit donc mener facilement, mais sans chercher à distancer ses camarades; il doit conserver un train qui le maintienne devant, mais qui ne force pas la meute à prendre une allure qu'elle aurait peine à soutenir.

Le meneur qui n'est pas bien sûr de pouvoir dominer ses compagnons devient ardent, se presse, et fait souvent des fautes, par la crainte de se voir enlever cette place, pour laquelle tout chien se passionne lorsqu'il l'a longtemps ou souvent occupée; aussi ne faut-il pas tolérer deux chiens de tête dans le même équipage; ils ne penseraient qu'à lutter entre eux pour s'emparer du premier rang, ils forceraient le train, empêcheraient la régularité de la chasse, et désorganiseraient peu à peu la meilleure meute.

La chasse brillante et la distinction des formes. — La beauté et la chasse brillante ne sont pas des qualités indispensables, mais nous dirons à ceux qui nous opposeraient cette objection, que si un chien doit posséder ces avantages, c'est assurément le chien de tête, car, se présentant le premier, il attire l'œil et l'observation plus que tout autre; son travail étant plus large, plus avancé, est toujours plus remarqué, et doit lui procurer le surnom de *brillant meneur*, éloge qui s'applique à l'ensemble des qualités réunies.

Le chien de tête, joignant aux divers mérites que nous venons d'énoncer l'expérience et la ruse, nous croyons nous être suffisamment étendus sur ce type, que nous considérons comme si utile, lorsqu'on chasse le lièvre à courre.

Les chiens de centre.

Les chiens de centre constituent l'ensemble de la meute, en composent toutes les parties, et d'après le genre de chasse qui leur est propre sont classés dans les trois catégories suivantes :

Chiens de centre pur; chiens de centre avancé; chiens seconds.

Chiens de centre pur. — Les chiens de centre pur sont la base de toute meute bien organisée; ils forment un groupe qui, cousu à la voie, la maintient avec sûreté et patience; dépourvus d'ambition, ils ne pensent pas à gagner du terrain, mais à indiquer et conserver la ligne suivie par le lièvre; laissant aux chiens entreprenants le soin de se porter en avant, il les suivent sans se laisser entraîner hors de la trace, à laquelle ils rappellent ceux qui s'en écartent ou la dépassent.

On ne doit pas craindre de renforcer le noyau des chiens de centre pur, car ils ne se piquent jamais entre eux et s'aident avec une

entente parfaite. Ils sont ordinairement supérieurs dans les doubles voies, dans les refoulés, et les jours de chasse en mauvaise terre ;
leur persistance, leur application, débrouillent
la voie dans les terrains difficiles, alors que
d'autres s'irritent ou se lassent de tant de
difficultés.

Le chien de centre pur a quelquefois le
défaut d'être entêté, méfiant, et un peu traînard sur la voie ; cette disposition mauvaise
doit être corrigée et implique la nécessité de
sujets plus décidés et d'un chien de tête.

Le bon chien de centre pur doit suivre
franchement ses camarades, ne pas être terre-
à-terre, et avancer sans peine et lenteur.

Chiens de centre avancé. — Le chien de
centre avancé, tout en conservant les signes
distinctifs du genre, est plus entreprenant,
plus décidé que le chien de centre pur ; il
avance plus hardiment, est plus allant sur la
voie, et, dans un défaut, se détache mieux,
prend plus rapidement un parti, enfin agit
avec plus de volonté et de promptitude.

Il est impossible de trouver, dans un chien,

plus de qualités réunies que dans le chien de centre avancé; dans une meute très restreinte, il peut, à la rigueur, tenir lieu de chien de devant et de chien de centre pur, par son genre ajusté et perçant à la fois; aussi conseillerons-nous à ceux que leur position de fortune, le pays qu'ils habitent, ou tout autre raison, ne permettent qu'un très petit nombre de chiens, de choisir quelques chiens de centre avancé, et de chasser avec; mais à ceux qui veulent organiser un véritable équipage, nous répèterons encore: que tous les genres représentent toutes les forces, et, par suite, tous les moyens de succès.

Chiens seconds. — Les chiens seconds sont fournis par la catégorie des chiens de centre avancé, *parmi les plus décidés;* leur travail, sans avoir toute l'initiative et tout le développement de celui du chien de tête, s'en rapproche sensiblement et présente certaines analogies. Très allants sur la voie, ils n'ont cependant pas la menée aussi prompte et aussi perçante, ne cherchent pas à lutter, et se contentent de la seconde place.

Les chiens seconds ont une réelle utilité dans une meute ; ils contribuent à la rendre allante, sont un trait d'union entre le meneur et les chiens de centre, et ont encore le grand avantage de tenir le chien de tête en éveil, de l'empêcher de mollir dans son action, et de le remplacer momentanément, s'il vient à manquer ou à faire défaut.

Nous ne conseillons cependant pas l'exagération dans l'emploi des chiens seconds ; deux ou trois sont très suffisants dans un équipage, et ils pourraient y apporter trop de vivacité, si on en augmentait le nombre.

Chiens de Chemin.

Le chien de chemin est ainsi nommé parce qu'il a la précieuse qualité de sentir la voie du lièvre sur les routes et les chemins; cette spécialité est innée chez lui, dès qu'on le met en chasse.

On pourrait croire de prime abord, que le chien ainsi doué a plus de finesse de nez que les autres, et qu'il sent mieux sur un terrain difficile. Cette opinion n'est pas absolument exacte; on voit des chiens de chemin remarquables qui, sur une matinée, sur un rapproché et sur une suite, ne goûtent pas mieux de la voie que leurs compagnons.

Cette qualité est donc un mérite exceptionnel, qui grandit et se perfectionne avec l'âge et l'expérience.

Le chien de chemin comprend parfaitement qu'il est doué de cet avantage, aussi apporte-t-il toute son application à découvrir sur les routes, sur ce sol dur et pierreux, la trace laissée par le lièvre; là où les autres sujets reconnaissant leur impuissance, ne cherchent même

pas, le chien de chemin travaille avec persistance et finit par constater cette voie que l'on
croit perdue, ayant ainsi l'honneur et le mérite de surmonter une des ruses les plus
difficiles, ruse que le lièvre multiplie dans
toutes ses fuites, son instinct la lui dictant
comme la meilleure.

Le chien de chemin est donc indispensable
dans une meute. Il est d'autant plus précieux,
qu'il est toujours fort rare de trouver de bons
chiens de ce genre.

Le chien de chemin peut appartenir indistinctement, soit à la catégorie des chiens de tête,
soit à celle des chiens de centre; son mérite
particulier n'implique aucun genre, cependant
nous préférons qu'il soit chien de centre, nous
appuyant sur le raisonnement suivant :

La majeure partie des chiens ne sait pas,
comme nous l'avons dit, bien goûter la voie
sur les routes et les sentiers, et c'est à ce
moment que le chien de chemin déploie toutes ses ressources et prend la direction.

Si le chien de chemin appartient à la catégorie des chiens de tête, il suivra vivement,

dès qu'il aura trouvé, sur ce sol battu, la trace que les autres ne sentent point; la meute indécise, n'osant franchement se rallier, hésitera, perdra du temps, et se laissera d'autant plus distancer, que le chien de tête, ayant le double avantage d'être chien de chemin, et de savoir filer rapidement la voie, prendra une avance qui ne pourra être rattrapée qu'avec difficulté et fatigue.

Si, au contraire, le chien de chemin est chien de centre, il maintiendra la voie sans se presser, donnera à ses camarades le temps de prendre confiance, de chercher le coupé, et d'arriver au crochet sans être éparpillés.

Le chien de chemin doit inspirer une confiance absolue, par conséquent ne pas être bavard et ne pas donner à faux. Un chien qui babille en chasse dérange toujours une meute, mais elle arrive vite à se convaincre qu'on la trompe, et n'écoute plus le menteur; dans un chemin elle ne peut rien constater, et si le chien de chemin l'appelle à faux, elle le suit, se laissant entraîner dans une faute qu'elle n'a pu prévoir : aussi conseillons-nous, autant que possible, l'achat de deux chiens de chemin pour la création d'un équipage, afin que l'un des deux soit la constatation de l'autre, et qu'il n'y ait jamais de fausse indication; en outre, la meute qui hésite lorsqu'un chien seul gorge sur la voie, suivra avec une entière confiance lorsque deux donneront à la fois.

Les vieux chiens, que l'âge et l'expérience ont rendus savants et rusés, deviennent quelquefois chiens de chemin à la fin de leur carrière; malheureusement leurs services sont de courte durée.

Le chien de chemin doit réunir, en plus, les qualités du genre auquel il appartient: doué alors de tous ces avantages, il a une valeur bien grande, car, sur une foule de sujets, on trouve à peine un bon chien de chemin.

Il existe encore, chez les chiens courants, un genre de chasse particulier, que nous avons volontairement omis dans la composition de la meute.

Nous voulons parler du chien qui bat les ailes et cherche les coupés : il a pour caractère distinctif de ne pas vouloir se coller à la voie et de se grouper au corps de meute ; il se place à l'aile et suit ses camarades, ne s'occupant que de trouver les crochets du lièvre et les changements de direction ; il fait son travail sur le côté, comme le chien de tête le fait en avant de la colonne. Ce genre, apprécié de quelques-uns, absolument condamné par les autres, nous paraît généralement dangereux, et nous n'admettons qu'il puisse être toléré que dans certaines conditions.

On distingue deux variétés de chiens de coupé : ceux qui ont ce genre à leurs débuts en chasse, et les chiens de tête ambitieux qui n'ont pas ou n'ont plus la possibilité de mener ; ces derniers doivent être réformés sans hésitation : ne pouvant se résoudre à rester dans le milieu de la meute, ils cherchent les coupés pour *voler* un instant la tête, et prendre une avance qui leur permette de conserver les devants le plus longtemps possible ; aussi sont-ils très écartés dans leur travail, violents dans la reprise, et, par suite, n'apportent-ils dans l'équipage que désordre et fatigue.

Le chien de coupé, qui possède ce genre dès qu'on le met en chasse, est beaucoup moins vif, plus sage, moins ambitieux. Il peut être toléré lorsqu'il se tient près de la meute, fait la reprise sur les crochets avec calme, sans se presser, et qu'il a une belle gorge pour se faire bien entendre, enfin lorsqu'on chasse habituellement dans un pays très découvert, où le change est peu à redouter ; ce qui rend indulgent pour le chien de coupé c'est que la plupart du temps il est travailleur, rusé, grand requérant, et que ses reprises sur les coupés évitent souvent le travail des doubles voies, des refoulés et avancent ainsi la chasse. Quoi qu'il en soit, nous répèterons ce que nous avons déjà dit: nous considérons le chien de coupé comme généralement dangereux, et nous n'oserons pas le conseiller dans la composition d'un équipage.

SECONDE PARTIE.

QUALITÉS GÉNÉRALES DES CHIENS COURANTS.

Après avoir exposé les qualités particulières et nécessaires de chaque genre, nous dirons quelques mots rapides sur les mérites généraux qu'on doit rechercher dans tout chien courant. L'absence ou l'inverse de ces mérites seront autant de défauts que nous signalerons en même temps.

Les qualités générales du chien courant se divisent en deux catégories : les qualités qui ont rapport à son instinct, à sa science intellectuelle et à son travail en chasse, et celles qui comprennent tous les avantages extérieurs et physiques ; nous désignerons les premières par *qualités morales*, les secondes par *qualités physiques*.

1° Qualités morales.

Pour les qualités morales de tout chien courant on doit examiner :

S'il est sage et ajusté ;

S'il est bien requérant ;

S'il se porte en avant, et est bien allant ;

S'il ne donne pas à faux.

S'IL EST SAGE ET AJUSTÉ.

Le chien courant doit être sage et ajusté, c'est-à-dire chasser avec calme, avec méthode, et dans le seul but de porter à la meute sa part de science et de travail.

Il doit faire entièrement cause commune avec ses camarades, les écouter, et comprendre qu'il est là pour aider et non pour agir seul et à sa guise. Il doit être régulier dans sa chasse, c'est-à-dire suivre et conserver la voie qu'il a trouvée, ne pas la quitter pour aller voir plus loin ou ailleurs.

Tout chien violent et enlevé est pernicieux pour une meute ; il porte le désordre avec lui, court dans tous les sens sans s'attacher à la voie, et ne cherche qu'à chasser seul, pour réussir seul. Les jeunes chiens, gâtés par l'exemple, deviennent ardents et irréguliers ; les vieux, déconcertés et dérangés dans leur travail, finissent par tirer en arrière ou à l'écart ; en un mot, il suffit d'un ou deux écervelés pour désorganiser le meilleur équipage.

On ne doit pas confondre le vice du chien emporté avec l'ardeur ignorante du jeune chien qui débute. Les élèves ne peuvent immédiatement posséder l'expérience et le calme de leurs pères, et sont sujets à des imperfections motivées par leur seule jeunesse. Le jeune chien qui est un vrai modèle de sagesse à ses débuts en chasse, bien souvent n'est pas un de ces sujets brillants qui sortent de l'ordinaire pour devenir supérieurs ; tous les chiens de premier mérite commencent par plus d'initiative, plus d'ardeur et plus de fautes, mais lorsque l'expérience a calmé leur premier feu et leur a donné la ruse et le savoir, ils ont franchi la barrière de l'ordinaire, au pied de laquelle restent tant et tant d'élèves.

Les chiens les plus sages et les plus ajustés

sont les chiens d'ordre ou d'espèce pure ; ils poussent quelquefois ce mérite, adhérent à leur race, à de telles limites, qu'il finit par prendre les proportions d'un défaut.

S'IL EST BIEN REQUÉRANT.

Un chien est bien requérant lorsque la meute ayant perdu, par une cause quelconque, la trace du lièvre, il la recherche avec intelligence, persistance et activité ; lorsqu'il travaille résolûment, avec ténacité, dans les défauts, et qu'il ne se laisse décourager ni par leur durée, ni par les difficultés qu'ils présentent.

Il explore d'abord les directions qui touchent l'emplacement de la perte ; puis, si ses recherches sont vaines, il exécute des hourvaris plus larges, enfin il se détache hardiment, comprenant qu'une cause étrangère l'empêche de redresser la voie dans un certain espace et qu'il doit dépasser un terrain ingrat, rendant souvent infructueuses les plus habiles investigations.

Le bon requérant prend alors les grands requétés, agissant sans relâche, et au moment

où on commence à désespérer, où tout semble
terminé, une gorge aimée fait tressaillir le
cœur, annonce que la voie est retrouvée, et
que les jouissances vont s'accroître de la difficulté vaincue.

Nous considérons la qualité de bon requérant comme la plus *essentielle*, la *plus indispensable* pour tout chien courant ; elle est à
nos yeux synonyme de science, ruse, travail, et
nous affirmons que sans elle un sujet ne peut
être remarquable et réellement supérieur. Un
chien sera sage, ajusté, de grand nez ; s'il n'est
pas requérant, il sera absolument incomplet,
ses services s'arrèteront au premier écueil, et
il ne pourra utiliser ses mérites.

Nous admettons que tous les chiens un peu
expérimentés savent redresser les ruses légères exécutées par le lièvre, ruses qui occasion-
nent ce qu'on appelle un *balancé* ou un *hésité ;*
mais, pour le réel défaut, pour ces inexplica-
bles difficultés, qui découragent chiens et chasseurs, le bon requérant parviendra seul à les
surmonter, et, rappelant ignorants et paresseux,
deviendra souvent le héros d'un brillant forcé.

Les chiens mauvais requérants cherchent un moment dans un espace restreint, font un court hourvari, croyant n'avoir à redresser qu'un changement de direction; puis, étonnés et ne sachant pas prendre un parti, ils reviennent bientôt à l'endroit où ils ont perdu; ils restent là indécis, regardant agir leurs camarades, et, si le défaut se prolonge, ils n'exécutent plus aucun travail, attendent que le piqueur vienne à leur secours, ou se mettent à sa recherche, sans plus s'occuper de la chasse.

Quels seront les moyens d'action avec une meute qui ne se requête pas?

On aura beau être énergique et savant veneur, quelles seront les ressources avec des chiens découragés, qui ne voudront seconder aucun effort; peut-être, avec la protection de saint Hubert, finira-t-on par faire retrouver la voie, mais quelles peines et surtout quel temps perdu!

On peut, à la rigueur, tolérer dans une meute nombreuse quelques sujets peu requérants, en considération de certains autres mérites; mais dans un petit équipage il n'y a pas à hésiter : il faut supprimer sans regrets, si on ne veut être exposé à subir, au premier défaut, une perte probable, et à voir bien des chasses se terminer de cette triste manière.

L'action du *requêt* n'est pas identique chez tous les bons requérants : elle varie en général, suivant leur genre de chasse. Les chiens décidés se détachent promptement, et font un travail large et rapide. Les chiens de centre se requêtent plus près, ou agissent à la voie et par la voie. Cette dernière spécialité n'est pas bien appréciée par certains veneurs, qui se laissent trop dominer par leurs sympathies exclusives : nous ne partageons pas leur avis. Les chiens qui se requêtent à la voie et par la voie sont très utiles dans un équipage, dans lequel ils ne doivent d'ailleurs figurer qu'en petit nombre ; ils sont le complément des chiens à grand requêt, et apportent à l'action commune une sérieuse part de services, surtout les jours de mauvaise terre. En travaillant pas à pas à la voie, ils parviennent à la redresser, là où d'autres l'ont surallée, en la recherchant par hourvaris; ils ont surtout une application précieuse sur les fins du lièvre, à ce moment où l'animal n'ayant plus la force de fuir, refoule sur ses traces et se relaisse souvent; ils arrivent presque toujours à le relancer, alors que les chiens détachés sont exposés à le laisser blotti dans l'intérieur des cercles qu'ils exécutent.

Le chien d'ordre serait accompli s'il était bien requérant; malheureusement il pêche par là en général, et ne peut se passer de l'aide du piqueur.

Nous terminerons cet article en insistant le plus possible sur l'importanee qu'on doit attacher au mérite du requêt. Il est, chez le chien courant, le principe d'où surgissent les grandes supériorités.

S'IL SE PORTE EN AVANT ET EST BIEN ALLANT.

Le chien courant, lorsqu'il découvre une trace de lièvre et en a senti les émanations, doit se porter en avant, c'est-à-dire, percer sans hésitation, dans la direction de la voie, et s'il la perd, la rechercher par un travail avancé, il doit avoir l'instinct d'étendre ses investigations sur les devants, et ne revenir sur les côtés ou en arrière que lorsque ses premières recherche ont été vaines.

On l'appelle *bien allant,* quand il ne traîne pas sur la trace, sait la suivre avec hardiesse, et ne perd pas un temps précieux en tâtonnements et indécisions. Les chiens allants sont diligents dans leurs actions, se rallient vite, suivent franchement leurs camarades et sont, d'après l'expression de Du Fouilloux, chiens de cœur et d'entreprise.

Tout chien qui ne sait pas se porter en avant reste en place ou recule, ce qui, à un degré différent, est un sérieux défaut. S'il reste en place, il n'a aucune utilité pour trouver la direction qu'a suivie le lièvre : il s'éternise, sans décision aucune, sur l'emplacement de la perte, et on est obligé de l'activer et de le diriger. S'il recule, non-seulement il n'aide pas, mais dérange gravement : il ramène la meute en arrière, aux endroits déjà explorés, l'éloigne du lieu où elle aurait pu faire la reprise, et complique ainsi d'une manière fatale toutes les difficultés.

Le chien qui a le vice du recul doit être immédiatement réformé.

On peut s'aveugler sur un sujet qui n'a aucun mérite, et le tolérer dans une meute assez nombreuse pour cacher sa nullité, mais on serait impardonnable de le conserver lorsqu'il annihile les qualités des autres. Or les chiens qui reculent détruisent d'une manière incontestable, par leur pernicieuse action, la savante organisation des meilleurs équipages.

Les inconvénients du chien peu allant ne sont pas aussi absolus que ceux du chien qui recule, mais en restant partisan du chien collé, nous condamnons l'*excès* du genre, c'est-à-dire le chien terre-à-terre et *trop* collé.

Le bon chien courant doit être ajusté et allant tout à la fois.

Le chien trop collé est sans initiative et jugement : habitué uniquement à se coudre à la voie, à ne comprendre que l'empreinte du lièvre, il met un temps éternel à exécuter ce que le chien allant fait en un instant, et dès que cette voie vient à lui manquer, il est si étonné, si désorienté, qu'il ne sait plus agir avec discernement.

Il peut cependant avoir une application sur la matinée, le rapproché, et nous blâmons surtout l'excès du genre sur le *debout* ou lièvre lancé.

Nous nous expliquons aussi brièvement que possible :

Lorsqu'on a trouvé une quête, matinée, ou voies du lièvre qui, avant le jour, se retire dans son gîte, le but unique, à ce moment, est d'arriver au gîte et de lancer l'animal; de même, pour un rapproché, les efforts tendent à découvrir le lieu où s'est remis le lièvre et à le relancer : la chose importante est donc d'être sûrement conduit à ce refuge; la lenteur du travail et la perte de temps ne nuisent en rien, puisque le lièvre ne bouge pas et attend qu'on vienne le déloger. Le chien très collé a alors son utilité : il maîtrise l'ardeur de ses camarades, maintient absolument la voie, la suit pas à pas, et avance avec circonspection et sagesse; mais dès que l'animal est lancé, les choses changent entièrement de face. Effrayé

par le bruit et la vue de la meute, le lièvre
part avec rapidité, et n'attend plus dans son gîte
qu'on ait surmonté les difficultés qu'il a lais-
sées sur son passage; il fuit vivement à travers
les champs, les chemins et les espaces les plus
propres à faire perdre sa trace; comprenant
tout le danger, il s'efforce de mettre une grande
distance entre lui et ses ennemis, et accumule
ses meilleures et plus fines ruses.

C'est dans cette seconde partie de la chasse,
dans ce second acte, si nous pouvons nous exprimer ainsi, que l'inconvénient du chien trop
collé devient sérieux et réel.

Ici, non-seulement il faut arriver sûrement,
mais il faut agir vite et sans perte de temps :
on n'aspire plus à un dénouement stationnaire,
qui par son immobilité permet une savante
et lente recherche, on poursuit un but qui
fuit avec rapidité.

Forcer un lièvre est une tâche assez sérieuse, assez compliquée, assez douteuse même,
pour ne laisser augmenter en rien les obsta·
cles qu'il faut surmonter.

Or, tout lièvre qui a la facilité de prendre

une grande avance a bien des chances de se sauver, car il peut multiplier tous ses moyens de défense. D'abord l'émanation qu'il laisse sur son passage a le temps de s'affaiblir d'une manière sensible, et même, si la terre est mauvaise, de s'évaporer tout-à-fait; ensuite, peu effrayé par une poursuite lente et lointaine, il a toutes les ressources de son imagination pour augmenter et compliquer ses ruses : il peut facilement les exécuter en fuyant toujours et en adoptant une allure calme et soutenue, qui lui permet de se défendre quatre à cinq heures, ce qui rendra sa prise infiniment problématique.

Le chien lent et trop collé a donc l'inconvénient grave de ne jamais serrer le lièvre de près. Son genre traînard et indécis le retarde toujours. Il perd un temps précieux pendant la suite, un plus grand encore dans les défauts. Son manque de hardiesse l'arrête, prolonge son travail, et permet à l'animal chassé de prendre les devants et de se tenir toujours éloigné.

La vitesse de la chasse ne consiste pas uniquement dans le pied des chiens, elle existe beaucoup dans le genre qu'ils possèdent.

Nous ne croyons donc pas aux succès des chiens trop collés, s'ils restent livrés à leurs propres forces ; le secours du piqueur et de quelques chiens décidés peut seul atténuer leurs mauvaises dispositions et leurs défectueux services.

Nous terminons nos réflexions sur ce sujet, en citant l'appréciation de M. de la Conterie ; on nous permettra de nous appuyer de l'autorité de son jugement :

« Gardez-vous de l'espèce des clabauds, chiens « peu énergiques et si *collés,* qu'ils sont une « heure à traverser un arpent de bois. »

S'IL NE DONNE PAS A FAUX.

Gorger à propos, avec raison et vérité, est une qualité d'une importance réelle pour le chien courant.

Il avertit par là ses camarades qu'il a trouvé une émanation ou une voie de la bête chassée, et les appelle pour partager avec eux sa découverte ; mais s'il donne à faux, soit

par ardeur, irréflexion ou vice réel, il dérange
sérieusement la meute; il la trompe, la trou-
ble par ses cris, et l'enlève d'un travail qui
est quelquefois au moment d'aboutir, pour
l'entraîner dans une direction fausse et op-
posée.

Non-seulement il désoriente et décourage
l'équipage, mais il irrite le chasseur lui-même,
en lui donnant une vaine espérance et une
indication mensongère qui compliquent les difficultés.

Les chiens babillards et abondants ne doivent pas être confondus avec les chiens de
haut nez : les premiers gorgent à tout propos,
sans certitude ni vérité; les autres donnent
facilement aussi, mais parce que la finesse de
leur odorat leur permet de saisir avec aisance
et promptitude la trace du lièvre, et d'aspirer
les vagues et légères odeurs des voies les plus
anciennes; ils gorgent alors souvent seuls,
parce qu'ils ont la supériorité et l'avantage de
sentir.

Tout maître d'équipage appréciera vite la
différence que nous signalons, et, pour peu

qu'il connaisse sa meute, sera entièrement fixé à cet égard.

Le chien babillard n'est qu'imparfait, s'il est muet dans les défauts ; mais s'il parle sans raison dans ce moment critique, s'il ment, ou rappelle sur le lieu de la perte, il ne peut être conservé dans un bon équipage : son vice est, à nos yeux, presque aussi capital que celui du chien qui recule, et, en désignant ces deux défauts comme les plus dangereux, nous n'exagérons rien, car ils arrêtent l'un et l'autre le travail des meilleures meutes.

Le chien trop serré de gorge ou peu crieur a aussi ses inconvénients : il n'avertit pas immédiatement ses camarades, ne les rallie pas sur la voie qu'il vient de trouver, et fait perdre un temps précieux, en n'ayant pas recours à la science et au travail de tous.

Son mutisme provient : ou d'un manque de nez, qui l'empêche de sentir les émanations d'une manière assez sûre pour l'exprimer hautement et hardiment, ou d'un vice égoïste, qui le pousse à se taire, jusqu'à ce qu'il puisse distancer ses compagnons. Dans le premier cas l'imperfection, quoique positive, peut facilement être supportée, parce qu'elle ne nuit pas à l'action générale de la meute; mais dans le second elle devient capitale et ne peut être tolérée.

Le chien muet sur la voie, qui la *cèle* ou la *dérobe,* non-seulement ne cherche pas à aider, mais fait ses efforts pour éloigner tout secours et toute compagnie; jaloux d'avoir la tête, il suit la trace un certain temps sans crier, afin qu'au moyen de cette avance, prise en secret, il force ses camarades à suivre de loin et espacés.

L'ensemble des appréciations qui précèdent nous amène à conclure que le chien courant ne doit être ni trop chaud ni trop froid *de gueule,* et qu'il doit gorger à propos, avec vérité et réflexion.

2° Qualités physiques.

1° Le nez ;

2° La gorge ;

3° Le fond et la vitesse ;

4° La beauté de la construction et la distinction des formes.

LE NEZ.

La finesse de nez ou d'odorat est la vertu première et génératrice qui, innée chez le chien courant, devient la source de ses autres mérites ; elle peut cependant être rangée dans les qualités physiques et dans les qualités morales, car si elle appartient aux premières par son origine, elle rentre quelquefois dans le domaine des autres par son développement.

Le chien courant qui débute avec peu de finesse de nez finit souvent par en acquérir avec le savoir et la ruse, et, lorsqu'il a atteint la force de l'âge, goûte de la voie presque aussi bien que les sujets à sentiment délicat ; il perfectionne son odorat à l'inverse du chien d'arrêt, qui perd le sien en prenant des années. Est-ce, chez le chien courant, l'expérience qui lui fait reconnaître une trace, ou est-ce réellement la faculté de sentir qui se modifie et s'accroît ?

Nous ne le déciderons pas.

Mais ce qui est vrai, c'est qu'un chien, froid de nez à ses débuts, se corrige souvent de cette imperfection physique à mesure qu'il avance en âge et en savoir.

L'observation que nous émettons ne diminue en rien le grand avantage et la supériorité incontestable des chiens qui naissent avec une réelle finesse de nez : sentant mieux, ils agissent avec beaucoup plus de certitude et de facilité; leur travail est beaucoup plus complet, plus régulier et plus rapide.

Les chiens à grand nez sont parfaits rapprocheurs ; ils savent suivre une quête longtemps après le lever du soleil, et constater une voie là où d'autres ne se sont pas arrêtés. La sensibilité d'odorat leur permet de ne pas bricoler sur la trace, de ne pas la dépasser, et d'atténuer l'écueil de la mauvaise terre. Ils ne nasillent pas, suivent, la gueule haute, et leur chasse est alors plus brillante, plus allante et plus droite.

LA GORGE.

La beauté de la gorge doit être exigée dans les mérites du chien courant, non-seulement par les satisfactions qu'elle procure, mais par son utilité en chasse.

Nous connaissons des maîtres d'équipage qui ne font aucun cas d'un sujet mal gorgé; nous ne serons pas aussi exclusifs, et nous ne conseillerons pas de réformer d'excellents élèves, par la seule raison qu'ils crient mal, mais nous proclamons bien haut que le chien bien gorgé a une supériorité et une valeur indiscutables : il se fait mieux entendre dans les reprises, avertit et rallie plus promptement et plus sûrement. Ces avantages ont une grande portée lorsqu'on chasse en forêt et dans les pays sujets aux brouillards et au vent. Plus la gorge est éclatante, mieux elle dirige chiens et chasseurs, qui, par un temps sourd, peuvent se tromper de direction. Le beau crieur ou beau hurleur fait en outre éprouver des jouissances infinies : ses notes vibrantes et prolongées, dominant le bruyant orchestre de la meute, viennent charmer l'oreille du maître, si attentif à cet harmonieux concert.

La gorge doit cependant être proportionnée à la taille et à la construction du chien : si elle est trop volumineuse dans un petit corps, elle fatigue les organes et enlève souvent le fond et l'énergie.

Les gorges les plus estimées sont celles qui finissent en **A**, celles de clairon, et celles qui sont roulantes. Les gorges creuses et graves sont parfaites pour accompagner et garnir, mais nous ne les conseillons pas nombreuses, parce que leur timbre est peu sonore et peu varié.

Les amateurs du chien français attachent le plus grand prix à la beauté de la gorge ; nous partageons entièrement leur prédilection et leur exigence, car ce mérite, qui caractérise d'ailleurs la pureté de la race, apporte dans l'action d'une meute une de ses plus vives attractions.

Le fond et la vitesse.

LE FOND.

Tout animal destiné à de rudes fatigues doit pouvoir les supporter sans faiblir.

Cette vérité a toute sa réelle signification

appliquée au chien courant, dont le rude métier exige un tempérament énergique.

Le chien dénué de fond, fût-il complet sous les autres rapports, ne peut avoir d'emploi sérieux dans un équipage.

Exténué par les chasses longues ou vives, il n'a plus la force de faire preuve de ses mérites ; suivant avec difficulté ses camarades plus robustes, il se traîne sans gorger, réunissant tous ses efforts pour ne pas perdre la meute, et n'a ni le temps ni la possibilité d'exécuter un travail quelconque.

On n'ose jamais l'ameuter avec des chiens étrangers, parce qu'on redoute l'épreuve d'une chasse prolongée, et qu'on craint de le voir capituler en public. Il peut être utile sur une matinée ou sur un rapproché, il peut faire tuer quelques lièvres dans les chasses à tir, mais sur les suites longues et dures il ne fait qu'attrister le maître, qui souffre en voyant ses pénibles efforts.

Le sujet doué de fond conserve la même rapidité de travail et d'allure, quelle que soit la durée de la suite, et possède cette qualité, nommée *tenue*, si indispensable dans les chasses à courre.

LA VITESSE.

Le pied, avons-nous dit au commencement de cet ouvrage, ne doit être ni lent ni excessif; nous exprimons de nouveau cette opinion.

Le train lent engendre une foule d'inconvénients que nous avons signalés à l'article du chien *trop collé;* si la cause n'est point la même, elle produit des effets identiques : aussi, pour ne pas fatiguer nos lecteurs en nous répétant, nous les prions de revenir au chapitre du chien bien allant.

Les chasses lentes et molles, outre les chances d'insuccès qu'elles présentent, finissent par refroidir l'enthousiasme des veneurs qui les suivent; leur esprit, constamment en crainte, se décourage, et redoute tellement le retard du défaut et l'écueil de l'avance, que le maître d'équipage, le plus expérimenté même, ne peut s'empêcher d'*appeler à vue,* pour activer ses chiens, lorsqu'il voit le lièvre passer longtemps avant la meute.

Autant nous aimons le lent travail de la matinée ou du rapproché, autant nous avons peu de sympathie pour ces suites traînantes, qui se terminent, la plupart du temps, par une perte, ou quelquefois par un forcé si peu prévu, qu'il laisse le cœur froid devant ce succès inespéré.

Nous avons vu chasser, dans un département voisin, une meute de bassets qui, pendant une demi journée, promenait son lièvre sans une faute, et avec la plus parfaite régularité, et, tout en admirant l'excellence de ce petit équipage, nous l'avons suivi sans éprouver cette ardente impression d'enthousiasme, qui vient fouetter le sang, lorsqu'une chasse vive et animée permet, au bout de deux heures, de sonner le joyeux hallali.

Si nous blâmons le pied lent, nous sommes bien loin d'être partisan des vitesses excessives, et nous restons l'adversaire résolu de tous les extrêmes.

Nous admettrons qu'un train très rapide peut charmer l'œil et offrir un émouvant spectacle, mais que d'inconvénients il occasionne !

Le chien qui est emporté par une allure trop précipitée, ne pouvant entièrement s'assurer et se rendre compte des ruses et des crochets, est plus sujet à dépasser et sur-aller la voie ; il s'habitue aux émanations chaudes par la rapidité de son action, qui lui permet, les jours de pleine chasse, de se maintenir près de l'animal lancé, et devient peu persistant et peu actif, lorsqu'une mauvaise terre l'oblige à marcher lentement et à travailler sur les voies froides. Les avantages et les charmes de la gorge sont annihilés, ne pouvant se produire au milieu des efforts d'une course si vive, et on n'entend plus que quelques cris courts et espacés, si désagréablement pénibles à l'oreille du veneur français.

Nous comprenons que pour *courre* les grands animaux, qui se défendent surtout par leur vitesse et leur durée, on recherche chez le chien un train très raide, car il est une des nécessités du succès, et évite l'emploi de relais, usage abandonné généralement aujourd'hui ; mais pour forcer le lièvre, qui n'offre de réelle résistance que par ses ruses et sa sagacité, nous nions la nécessité des vitesses excessives, et ne partageons pas cette tendance, qui veut assimiler deux genres de chasse d'un caractère différent.

Nous dirons à ceux qui affectionnent ces

menées rapides exécutées en *hallali courant*, et dans lesquelles le plaisir du cheval a une aussi large part que celui de la chasse : créez une meute pour renard, forcez cet animal nuisible, qui vous offrira, dans sa fuite, un *bien aller* perpétuel, et vous permettra de jouir de l'agilité de vos chiens et de vos chevaux; mais laissez-nous la chasse du lièvre, à nous qui l'aimons avec ses vieilles traditions, ses difficultés, que nous ne cherchons pas à augmenter, mais que nous acceptons bien entières, convaincus que nos chiens sauront les débrouiller, même sans le secours d'un piqueur zélé, qui veut souvent, hélas, et toujours trop tôt, substituer sa propre science à celle de ses chiens; à nous qui suivons les péripéties de cette lutte savante, sur nos chevaux de voiture, ou quelquefois à pied, et qui, non-seulement ne désirons pas abréger un spectacle auquel nous demandons deux heures de jouissances, mais qui serions désolés de le voir se terminer en quarante ou quarante-cinq minutes.

Forcer est le grand point, nous dira-t-on :

qu'importent les moyens, si on arrive à une même victoire ?

` Nous ne saurions partager ce raisonnement. Des chasses plus ou moins difficiles, plus ou moins brillantes, laissent au maître d'équipage des impressions, bien diverses, et des satisfactions bien différentes.

Nous reviendrons donc à l'opinion que nous avons déjà émise, et qui indique, pour le pied : un train moyen, vigoureux et soutenu, permettant, en deux heures, de forcer un gros lièvre.

LA BEAUTÉ ET LA DISTINCTION.

La beauté et la distinction des formes sont le complément, le fini du bon chien de meute.

Si ces qualités sont étrangères au mérite *du bien chasser,* elles ont leur importance par les satisfactions qu'elles procurent.

La possession de toute chose développe des sensations agréables, d'autant plus vives que l'objet possédé approche davantage de la perfection.

Or, le chien courant qui réunit aux mérites *de la bonté* la beauté et l'élégance étant le plus complet, est celui qui flatte le plus l'amour propre du maître et qui lui procure, par suite, le plus de jouissances.

Nous comprenons entièrement que la *bonté*, chez le chien, soit placée en première ligne, et qu'on ne se laisse pas entraîner par la beauté, au détriment des qualités morales ; mais nous prétendons aussi que le chien d'équipage, qui a l'honneur d'être destiné aux chasses à courre, doit s'approcher, le plus possible, de la perfection, pour être digne en tout de son existence privilégiée.

Si la gorge est la jouissance de l'ouïe, la beauté est celle de l'œil ou de la vue.

Le chien, d'ailleurs, qui est mal construit, ne peut soutenir de dures fatigues, et faiblit tôt ou tard, soit par le fond, soit par le pied ou la santé.

Nous copions dans l'ouvrage de M. de la Conterie le portrait qu'il fait du beau chien courant. Notre tâche, dès lors, devient plus facile, plus claire et mieux dite.

« Il est si fort important à quiconque lève
« un équipage, de le former de chiens de taille
« convenable, bien faits et bien choisis, que,
« sans cela, il ne peut en tirer qu'un plaisir
« très imparfait. La taille n'est à considérer

« que relativement à celle de la bête que l'on
« veut chasser ; mais pour ce qui est des signes
« de bonté et des attributs de la beauté, l'une
« et l'autre doivent se rencontrer dans un
« petit chien, comme dans un plus grand.

« Le chien courant, pour être bien fait et
« beau, doit avoir la tête bien attachée et
« plus longue que grosse, le front large, l'œil
« gros et gai, les nazeaux bien ouverts et
« plus humides que secs ; l'oreille basse, mince,
« avalée, papillotée en dedans, et plus longue
« que le nez de deux doigts seulement ; le
« corps d'une grosseur et d'une longueur pro-
« portionnées à celle des jambes, de sorte que
« sans être trop long, il soit plus étriqué que
« goussaut ; les épaules ni trop, ni trop peu
« larges ; le rein large, haut et harpé ; les han-
« ches hautes et larges ; la queue grosse près des
« reins, mais se terminant comme celle d'un
« rat, et légèrement tournée en demi cercle ; la
« cuisse bien troussée et gigotée ; la jambe ner-
« veuse ; le pied sec ; les ongles gros et courts.

« La taille des chiens pour lièvre et pour
« chevreuil est : depuis 21 jusqu'à 23 pouces ;

« celle des chiens pour cerf : depuis 25 jusqu'à
« 28 pouces ; enfin celles des chiens pour sanglier
« et pour loup : depuis 23 jusqu'à 25 pouces. »

La parité de taille et de couleur doit être
observée dans une meute bien ordonnée.

La chasse brillante sur la quête et la suite,
la beauté de la robe, sont des avantages qui
rentrent dans les qualités extérieures, et nous
ne ferons que les signaler.

Les couleurs franches sont celles qu'on doit
rechercher, parce qu'elles sont toujours estimées, malgré les caprices de la mode. Au-
trefois les chiens blancs et orange étaient en
prédilection, puis les chiens blancs et noirs
marqués de feu en tête, enfin, de nos jours,
les chiens très mouchetés ou bleus sont pré-
férés ; il ne faut pas discuter des goûts, est
un axiome trop connu pour que nous nous
permettions de donner un conseil. D'ailleurs,
à notre avis, la couleur du chien n'est pas
d'une grande importance : qu'il soit bon d'a-
bord, beau et bien fait ensuite, tels sont les
vrais et sérieux mérites qu'il est important
et pas toujours aisé de réunir.

CONCLUSION.

Nous prions nos lecteurs de vouloir bien
nous pardonner les longs détails renfermés
dans notre étude du chien courant ; mais
nous avons pensé que nous ne saurions trop
démontrer, lorsqu'on veut courre sérieusement
le lièvre, combien il est nécessaire de bien
connaître les chiens, de les juger avec certitude, et d'apprécier exactement leur genre,
leurs qualités, leur application.

Cette connaissance approfondie est d'autant
plus indispensable pour tout maître d'équipage,
qu'il doit savoir créer et organiser sa meute,
c'est-à-dire choisir, classer, ajuster ses sujets,
de manière à former un ensemble qui, par

sa savante combinaison, réunisse toutes les forces et tous les différents moyens d'action.

Il doit savoir encore approprier au pays qu'il habite le genre de chiens qui y convient le mieux, et ne pas se laisser entraîner par des sympathies qui nuiraient à ses succès.

Pour arriver à de bons et pratiques résultats il ne faut pas être exclusif, et malheureusement c'est le défaut capital de presque tous les chasseurs passés, présents, nous allions dire futurs, oubliant que l'avenir n'appartient pas à l'homme.

Les veneurs qui aiment les chiens entreprenants et de grand travail ne veulent pas reconnaître les mérites des chiens calmes, collés et requérants par la voie; les partisans des chiens de centre très ajustés ne voient dans les chiens décidés que des ambitieux, d'une ardeur dangereuse; les amateurs de grands chiens ont un profond dédain pour les petits briquets communs et peu gorgés; les propriétaires de briquets écrasent de leur ironie et de leurs sarcasmes les grands chiens d'espèce, qu'ils considèrent uniquement comme des sujets d'exposition, n'ayant de valeur qu'au chenil ou pour servir de modèles dans les tableaux de chasse. En un mot, chacun a une idée arrêtée, irréfléchie, et n'admet pas que le bien puisse se trouver dans ce qu'il n'aime pas ou ne possède pas : c'est là un écueil que tout veneur intelligent doit éviter, en se tenant en garde contre les appréciations exclusives, car il y a toujours un bon et un mauvais côté qu'il faut savoir discerner.

N'ayons donc pas de parti pris, reconnaissons le bien partout où il est, sous quelque forme qu'il se présente, et sachons incliner notre partialité devant le vrai et le juste.

Sur cette pensée philosophique, chers lecteurs, nous vous dirons adieu à regret, priant saint Hubert qu'il vous ait en sa sainte garde, et qu'il vous permette d'apprécier, pendant de longues années, l'erreur ou la vérité de nos monotones réflexions.

Cte E. DE VEZINS.